《宿舍、旅馆建筑项目规范》

（GB 55025—2022）三维图示

安　建◎编

机械工业出版社
CHINA MACHINE PRESS

本书通过三维立体图对《宿舍、旅馆建筑项目规范》（GB 55025—2022）的条款逐条进行解读。本书共分为4章，包括总则、基本规定、宿舍、旅馆等内容。本书以"图中说明、要点索引"等形式，将本规范的重点、难点内容在图中作醒目的引注，便于读者轻松理解本规范条款的精髓。

本书可作为工程建设规划、设计、施工、监理、预算、消防等行业从业人员的工具书，也可作为在校工程类专业学生的参考用书。

扫描下方二维码，可观看本书超值赠送三维动画模型。

图书在版编目（CIP）数据

《宿舍、旅馆建筑项目规范》（GB 55025—2022）三维图示 / 安建编 .—北京：机械工业出版社，2024.6
ISBN 978-7-111-75744-3

Ⅰ.①宿… Ⅱ.①安… Ⅲ.①旅馆 – 建筑设计 – 建筑规范②宿舍 – 建筑设计 – 建筑规范 Ⅳ.①TU247.4-65 ②TU241.3-65

中国国家版本馆 CIP 数据核字（2024）第 089516 号

机械工业出版社（北京市百万庄大街 22 号　邮政编码 100037）
策划编辑：张　晶　　　　　　责任编辑：张　晶　张大勇
责任校对：王荣庆　李　婷　　封面设计：张　静
责任印制：任维东
北京瑞禾彩色印刷有限公司印刷
2024 年 6 月第 1 版第 1 次印刷
184mm×130mm · 4.75 印张 · 69 千字
标准书号：ISBN 978-7-111-75744-3
定价：69.00 元

电话服务　　　　　　　　　　网络服务
客服电话：010-88361066　　　机 工 官 网：www.cmpbook.com
　　　　　010-88379833　　　机 工 官 博：weibo.com/cmp1952
　　　　　010-68326294　　　金 书 网：www.golden-book.com
封底无防伪标均为盗版　　　机工教育服务网：www.cmpedu.com

PREFACE

前言

　　为适应国际技术法规与技术标准通行规则，2016 年以来，中华人民共和国住房和城乡建设部陆续印发《关于深化工程建设标准化工作改革的意见》等文件，提出政府制定强制性标准、社会团体制定自愿采用性标准的长远目标，明确了逐步用全文强制性工程建设规范取代现行标准中分散的强制性条文的改革任务，逐步形成由法律、行政法规、部门规章中的技术性规定与全文强制性工程建设规范构成的"技术法规"体系。

中华人民共和国住房和城乡建设部于 2022 年 3 月 10 日发布公告，批准《宿舍、旅馆建筑项目规范》为国家标准，编号为 GB 55025—2022，自 2022 年 10 月 1 日起实施。本规范为强制性工程建设规范，全部条文必须严格执行。现行工程建设标准中有关规定与本规范不一致的，以本规范的规定为准。同时废止下列工程建设标准相关强制性条文：

1.《宿舍建筑设计规范》（JGJ 36—2016）第 4.2.5 条、第 7.3.4 条。

2.《旅馆建筑设计规范》（JGJ 62—2014）第 4.1.9 条、第 4.1.10 条。

本书从"看图学规范"的角度帮助读者学习并尽快掌握本规范的实质内容。通过三维立体图对规范中每一项条款的关键点进行讲解，让读者快速掌握本规范的要求。

本书从工程人员的实际操作需要出发，采用换位思考的理念，即读者需要什么就编写什么。其内容简洁明了，便于广大读者掌握。本书的编写目的，一是培养读者对于建筑项目的空间想象能力；二是培养读者依照国家标准，正确绘制和阅读工程图样的基本能力。

本书在编写过程中，得到许多资深建筑设计工作者和富有钻研精神的年轻设计师的帮助和指导，他们分享了实际工作经验。本书相当于让一位有丰富经验的"高手"教读者在实际工作中如何运用好《宿舍、旅馆建筑项目规范》（GB 55025—2022）。

本书在编写过程中，也参阅和借鉴了许多优秀书籍和文献资料，同时还得到有关领导和专家的帮助，谨此一并表示感谢。

本书在编写过程中尽量全面、严谨地用三维立体图的方式解读《宿舍、旅馆建筑项目规范》（GB 55025—2022），但由于编者的经验和学识有限，书中内容难免存在遗漏和不足之处，敬请广大读者批评和指正，便于进一步修改完善。

诚挚地希望本书能为读者带来更多的帮助，编者将会感到莫大的荣幸与欣慰。

CONTENTS

目 录

前言

1

总

则

1.0.1

为保障宿舍、旅馆项目的适用性，促进建筑品质提升，制定本规范。

关键技术

功能

布局

规模 性能

1.0.1 图示

1.0.2

宿舍、旅馆项目必须执行本规范。

少于 15 间（套）出租客房的旅馆项目除外。

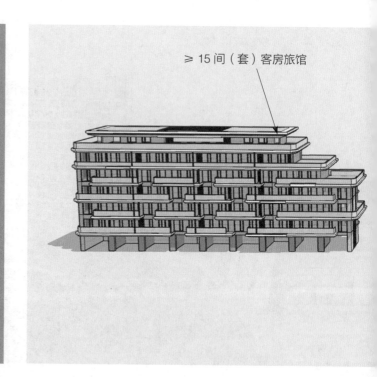

≥ 15 间（套）客房旅馆

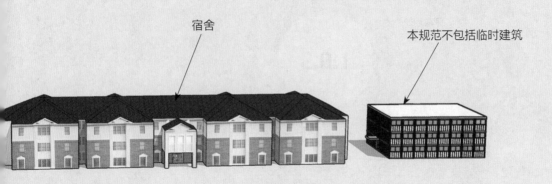

宿舍

本规范不包括临时建筑

1.0.2 图示

I.0.3

宿舍、旅馆项目的建设、使用和维护应遵循安全卫生、环境保护、因地制宜的原则，做到适用、经济、绿色、美观。

安全卫生

因地制宜

环境保护

1.0.3 图示

工程建设所采用的技术方法和措施是否符合本规范要求，由相关责任主体判定。其中，创新性的技术方法和措施，应进行论证并符合本规范中有关性能的要求。

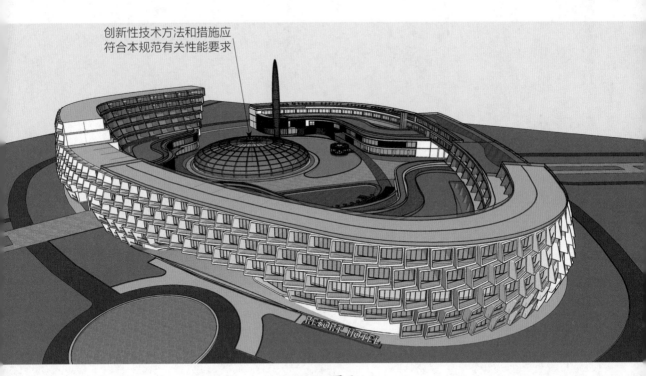

创新性技术方法和措施应
符合本规范有关性能要求

1.0.4　图示

2

基本规定

2.0.1

宿舍、旅馆项目应具备住宿条件，配备集中管理设施；并应满足安全、卫生、健康等方面要求，包括防火、抗震、隔声降噪、防洪、防雷击等。

集中管理设施　健康　安全　卫生

2.0.1　图示

宿舍、旅馆项目的建设规模应根据配套需求或市场需求，以及投资条件等确定。宿舍类项目建设规模划分应符合表 2.0.2-1 的规定，旅馆类项目建设规模划分应符合表 2.0.2-2 的规定。

表 2.0.2-1　宿舍类项目建设规模划分

建设规模	小型	中型	大型	特大型
床位数量 / 张	<150	150~300	301~500	>500

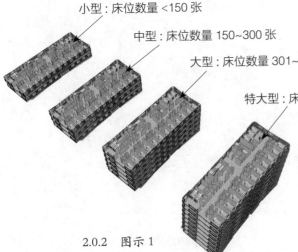

小型：床位数量 <150 张

中型：床位数量 150~300 张

大型：床位数量 301~500 张

特大型：床位数量 >500 张

2.0.2 图示 1

表 2.0.2-2 旅馆类项目建设规模划分

建设规模	小型	中型	大型
客房数量/间	<300	300~600	>600

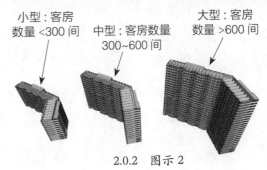

小型：客房数量 <300 间

中型：客房数量 300~600 间

大型：客房数量 >600 间

2.0.2 图示 2

15

宿舍类、旅馆类项目选址应符合下列规定：

1. 不得在有滑坡、泥石流、山洪等自然灾害威胁的地段进行建设；

2. 与危险化学品、易燃易爆品及辐射源等危险源的距离，必须满足有关安全规定；

3. 存在噪声污染、振动污染、光污染的地段，应采取相应的降低噪声、振动和光污染的有效措施；

4. 土壤存在污染的地段，必须采取有效措施进行无害化处理，并应达到居住用地土壤环境质量要求；

5. 场地应排水通畅，且有防洪排涝措施。

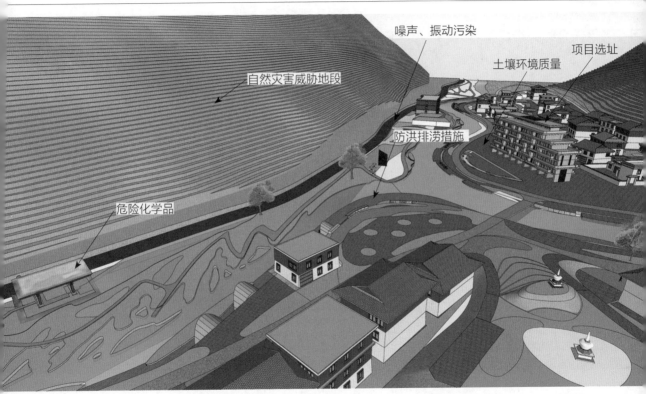

噪声、振动污染

项目选址

自然灾害威胁地段

土壤环境质量

防洪排涝措施

危险化学品

2.0.3 图示

2.0.4

场地和建筑应设置符合使用者认知特点的标识系统。
交通空间应清晰、明确、易于识别，且应有规范、系统
的提示标识。

标识系统

2.0.4 图示

2.0.5

宿舍、旅馆项目的结构应符合下列规定：

1. 宿舍、旅馆项目的结构安全等级不应低于二级；

2. 宿舍、旅馆项目的结构必须进行抗震设计，建筑抗震设防类别不应低于丙类，学校的学生宿舍建筑抗震设防类别应按国家相关规定执行；

3. 新建的宿舍、旅馆项目的结构设计工作年限不应小于 50 年。

抗震设防类别不应低于丙类

结构安全等级不应低于二级

结构设计工作年限
不应小于 50 年

2.0.5 图示

2.0.6

宿舍、旅馆项目的无障碍建设应符合下列规定：

1. 主要出入口应为无障碍出入口，当条件受限时，应至少设置 1 处无障碍出入口，并应在主要出入口设置引导标识；

2. 当设置电梯时，应至少设置 1 台无障碍电梯；

3. 当设置楼梯时，应至少设置 1 部方便视觉障碍者使用的楼梯；

4. 应在无障碍出入口前设置无障碍上客、落客区。

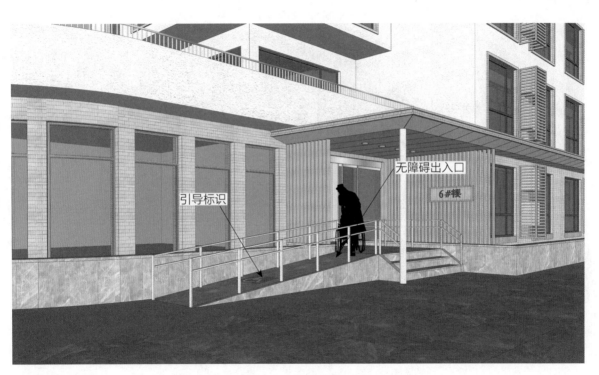

引导标识

无障碍出入口

6#楼

2.0.6 图示 1

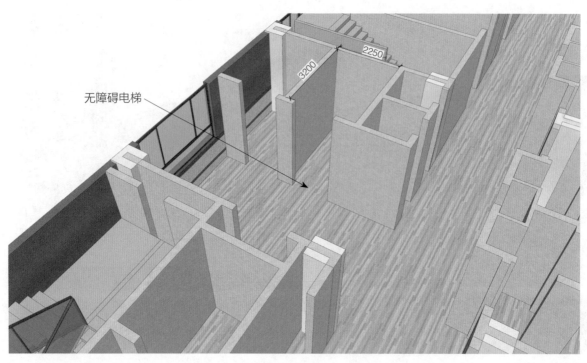

无障碍电梯

3200

2250

2.0.6　图示 2

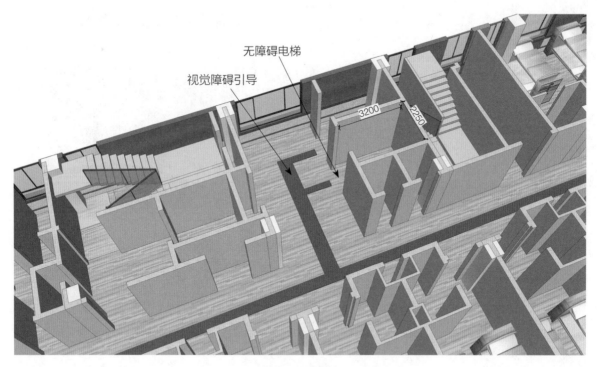

无障碍电梯

视觉障碍引导

2.0.6 图示 3

无障碍上客、落客区

引导标识

2.0.6　图示 4

厨房、盥洗室、厕所（卫生间）、浴室、洗衣房、水疗室等日常用水房间的楼地面应采取防水、防滑措施。

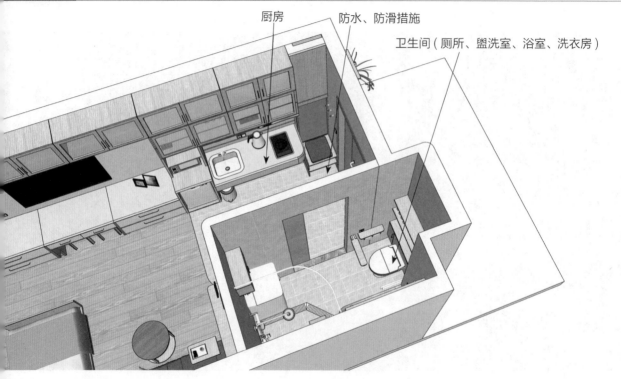

厨房

防水、防滑措施

卫生间（厕所、盥洗室、浴室、洗衣房）

2.0.7 图示

2.0.8

　　当居室（客房）贴邻电梯井道、设备机房、公共楼梯间、公用盥洗室、公用厕所、公共浴室、公用洗衣房等有噪声或振动的房间时，应采取有效的隔声、减振、降噪措施。

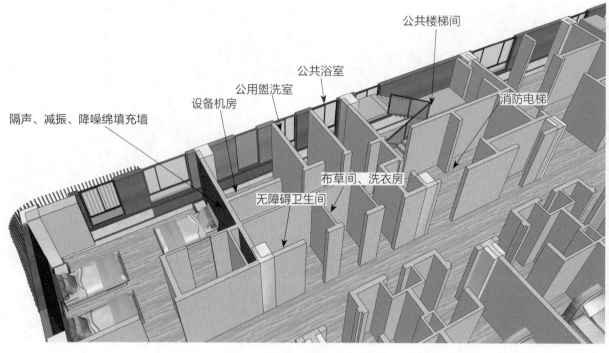

公共楼梯间

公共浴室

公用盥洗室

设备机房

消防电梯

隔声、减振、降噪绵填充墙

布草间、洗衣房

无障碍卫生间

2.0.8　图示

2.0.9

宿舍、旅馆项目应配置给水排水、供电、通信、通
风等设备、设施。

排水

通信设备

通风设备

供电设备

2.0.9 图示

严寒和寒冷地区的宿舍和旅馆应设置供暖设施。严寒和寒冷地区的居室（客房）冬季室内供暖温度不应低于 18℃。

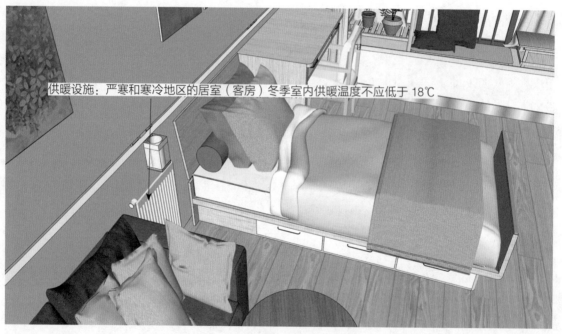

供暖设施：严寒和寒冷地区的居室（客房）冬季室内供暖温度不应低于 18℃

2.0.10 图示

门厅（大堂）、楼梯间、主要走道和通道的照明、安全防范系统应按不低于二级负荷供电。

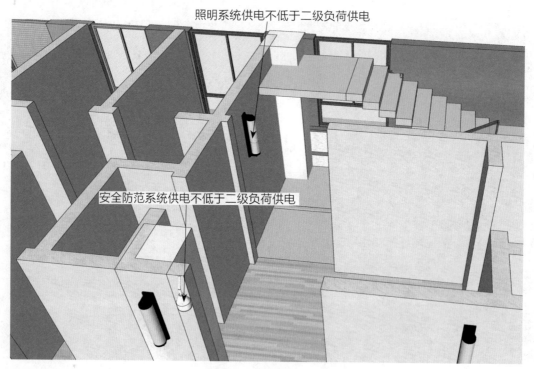

2.0.11 图示

居室（客房）的配电箱不应安装于公共走道、电梯厅内。当居室（客房）内的配电箱安装在橱柜内时，应做好安全防护。

配电箱安装在橱柜内时，应做好安全防护

居室的配电箱不应安装于公共走道内

2.0.12 图示

2.0.13

宿舍和旅馆的电源插座应采用安全型电源插座。

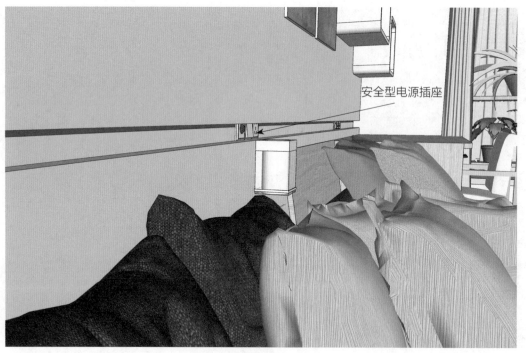

安全型电源插座

2.0.13　图示

宿舍和旅馆内明敷设的电气线缆燃烧性能不应低于 B_1 级。

电气线缆燃烧性能不应低于 B$_1$ 级

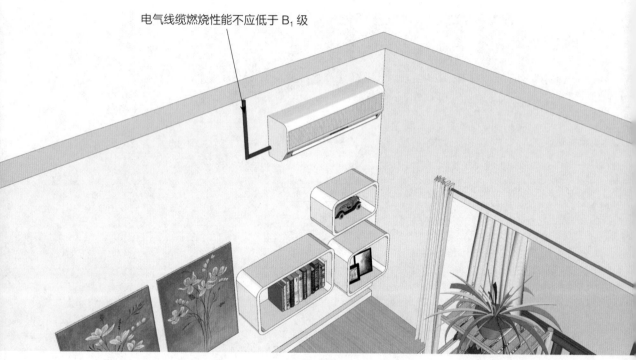

2.0.14　图示

　　宿舍和旅馆项目应设置安全防范系统、有线电视系统和信息网络系统。旅馆应在大堂出入口、楼梯间、各楼层的电梯厅、电梯轿厢、公共走道等场所设置视频监控装置。宿舍应在门厅出入口设置视频监控装置。

有线电视系统

信息网络系统

安全防范系统

2.0.15　图示 1

电梯轿厢视频监控装置

楼梯间视频
监控装置

各楼层电梯厅视频监控装置

公共走道视频监控装置

大堂出入口视频监控装置

2.0.15 图示 2

视频监控装置

2.0.15　图示 3

公共管道阀门、用于总体调节和检修的设施部件，
应设置在公共空间内。

总体调节和检修的设施部件，设置在公共空间内

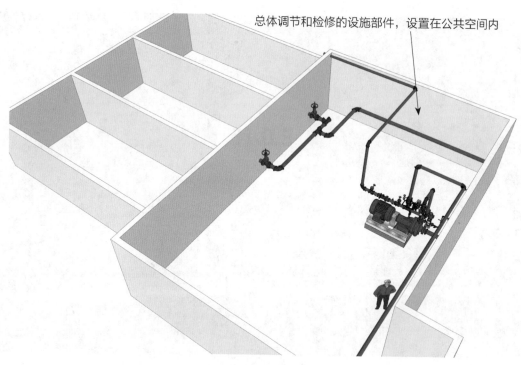

2.0.16 图示

开敞阳台、外廊、室内回廊、中庭、内天井、上人屋面及室外楼梯等部位临空处应设置防护栏杆或栏板，并应符合下列规定：

1. 防护栏杆或栏板的材料应坚固、耐久；

2. 宿舍类建筑的防护栏杆或栏板垂直净高不应低于 1.10m，学校宿舍的防护栏杆或栏板垂直净高不应低于 1.20m；

3. 旅馆类建筑的防护栏杆或栏板垂直净高不应低于 1.20m；

4. 放置花盆处应采取防坠落措施。

防护栏杆、栏板材料坚固耐久

2.0.17　图示 1

2.0.17 图示 2

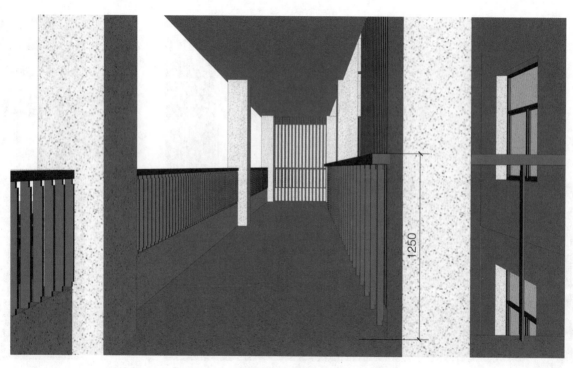

1250

2.0.17 图示 3

防坠落措施

2.0.17 图示4

2.0.18

宿舍和旅馆应设置垃圾收集间，并应符合下列规定：

1. 应满足垃圾分类储存的要求；

2. 应采取通风、防蚊蝇等措施；

3. 地面、墙面应采用易清洁饰面。

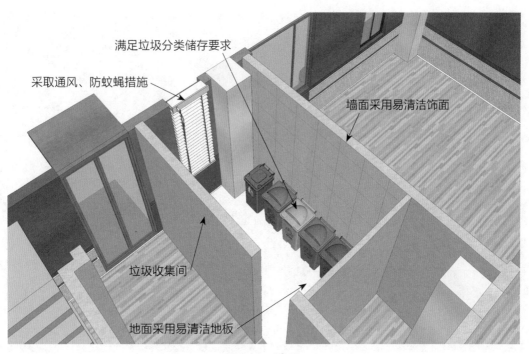

满足垃圾分类储存要求

采取通风、防蚊蝇措施

墙面采用易清洁饰面

垃圾收集间

地面采用易清洁地板

2.0.18 图示

严寒和寒冷地区建筑出入口应设门斗或其他防寒
措施。

严寒、寒冷地区建筑出入口应设门斗

2.0.19 图示

2.0.20

居室（客房）应能天然采光和自然通风。

天然采光、自然通风

2.0.20 图示

　　宿舍、旅馆项目应定期进行日常维护、维修和管理工作，并应符合下列规定：

　　1. 应确保建筑部品、部件在工作年限内安全可靠，且应满足功能和性能的要求；

　　2. 应对各种共用设备和设施进行日常维护、定期检修，并应及时更新，保证正常运行。

建筑部品、部件在工作年限内安全可靠，且应满足功能和性能的要求

2.0.21　图示 1

对各种共用设备和设施进行日常
维护、定期检修，并应及时更新

2.0.21　图示 2

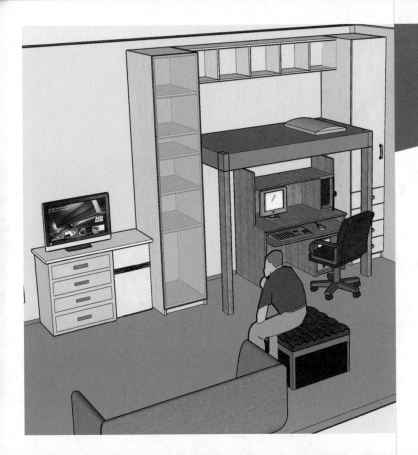

3

宿

舍

3.1 一般规定

3.1.1

宿舍项目应具备居住、盥洗、如厕、晾晒、储藏、管理等基本功能空间。

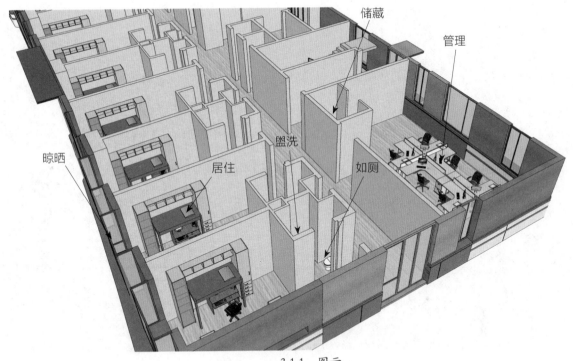

储藏

管理

盥洗

晾晒

居住

如厕

3.1.1　图示

3.1.2

宿舍附近应设置集散场地，集散场地应按 0.2m²/ 人设置。

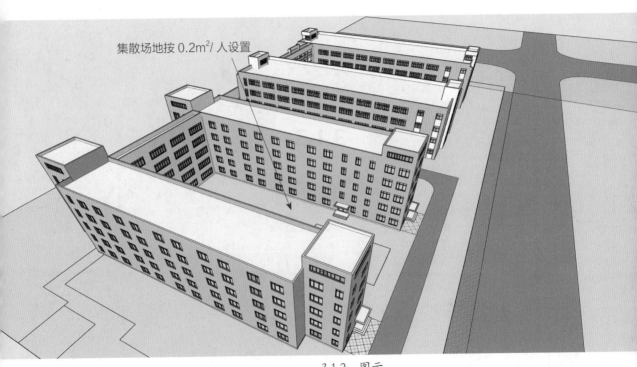

集散场地按 0.2m²/ 人设置

3.1.2 图示

公共用房的设置应防止对周围居室产生干扰。

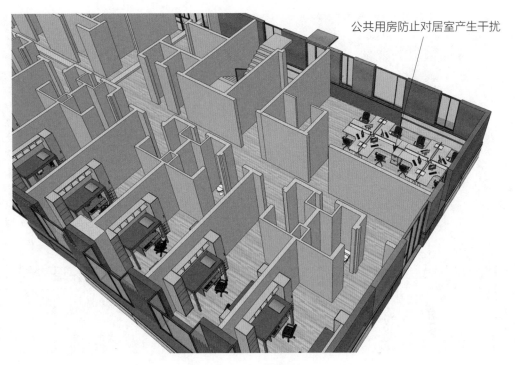

公共用房防止对居室产生干扰

3.1.3 图示

3.1.4

　　宿舍中，男女宿舍应分别设置无障碍居室，且无障碍居室应与无障碍出入口以无障碍通行流线连接。其数量应符合下列规定：

　　1. 100 套居室以下的宿舍项目，至少应设置 1 套无障碍居室；

　　2. 大于 100 套居室的宿舍项目，每 100 套居室至少应设置 1 套无障碍居室。

<100 套居室，至少设置 1 套无障碍居室

>100 套居室，每 100 套至少应设置 1 套无障碍居室

无障碍居室应与无障碍出入口以无障碍通行流线连接

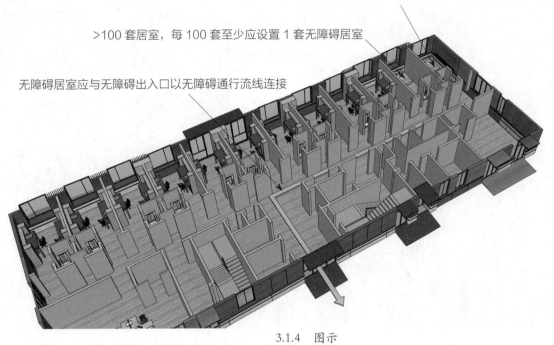

3.1.4 图示

特大型宿舍项目的客梯、生活给水泵、排水泵应按
不低于一级负荷供电。

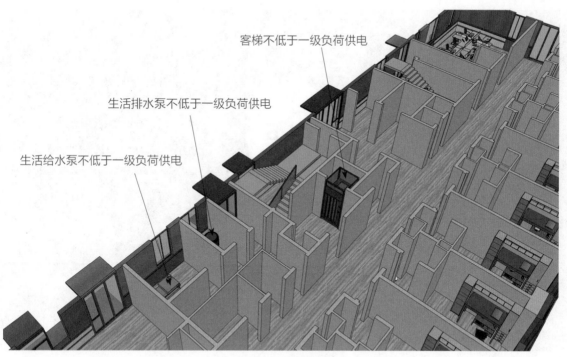

客梯不低于一级负荷供电

生活排水泵不低于一级负荷供电

生活给水泵不低于一级负荷供电

3.1.5 图示

可能发生地闪地区的宿舍，应按不低于第三类防雷
建筑物的要求采取相应的防雷措施。

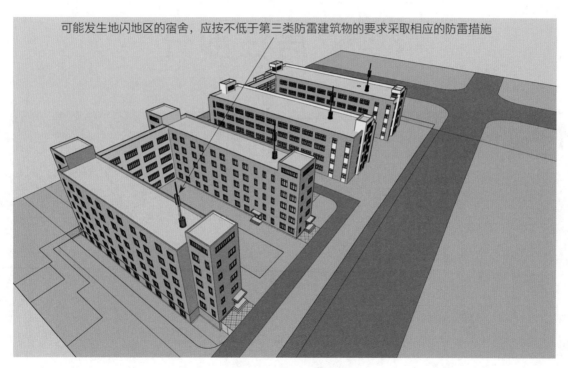

可能发生地闪地区的宿舍，应按不低于第三类防雷建筑物的要求采取相应的防雷措施

3.1.6 图示

3.2 居住部分

3.2.1

居室不应布置在地下室。

居室不应布置在地下室

3.2.1 图示

3.2.2

严寒地区的居室应设置通风换气设施。

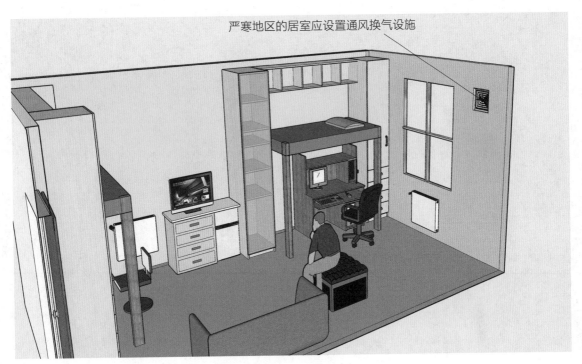

严寒地区的居室应设置通风换气设施

3.2.2 图示

3.2.3

当居室内附设卫生间时，应满足便溺、洗漱功能要求。

洗漱

便溺

3.2.3 图示

3.2.4

贴邻公用盥洗室、公用厕所、卫生间等用水房间的
居室、储藏室应在相邻墙体的迎水面做防潮或防水处理。

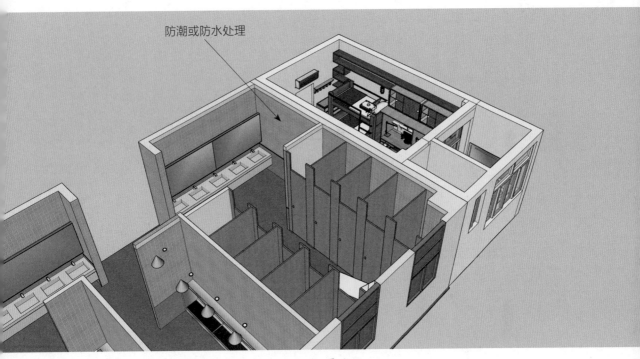

防潮或防水处理

3.2.4 图示

3.2.5

当居室内安装配电箱时，配电箱内电源进线的开关
应具有隔离和同时断开相线及中性线的功能。

配电箱内电源进线的开关应具有隔离和同时断开相线及中性线的功能

3.2.5 图示

3.3 公共部分

3.3.1

宿舍的居室最高入口层楼面距室外设计地面的高差大于 9m 时，应设置电梯。

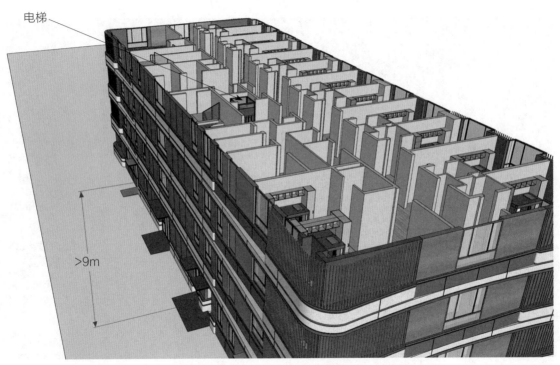

电梯

>9m

3.3.1 图示

3.3.2

宿舍内的公用盥洗室、公用厕所和公共活动室（空间）应有天然采光和自然通风。

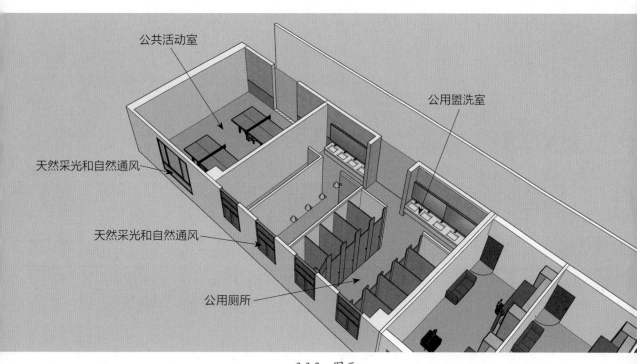

公共活动室

公用盥洗室

天然采光和自然通风

天然采光和自然通风

公用厕所

3.3.2 图示

3.3.3

宿舍内设有公用厨房时，其使用面积不应小于 6m²。
公用厨房应有天然采光、自然通风的外窗和排油烟设施。

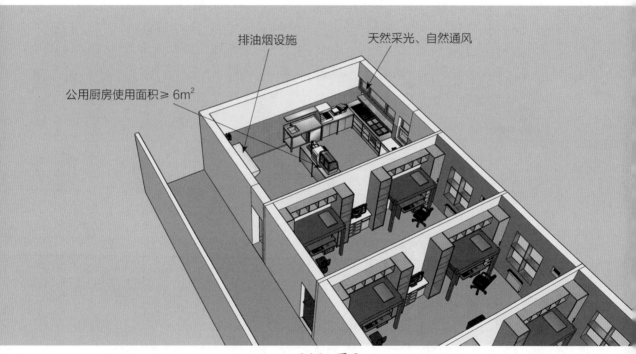

排油烟设施

天然采光、自然通风

公用厨房使用面积 ≥ 6m²

3.3.3 图示

3.3.4

公用盥洗室、公用厕所不应布置在居室的直接上层。
当居室内无独立卫生间时，公用盥洗室及公用厕所与最远
居室的距离不应大于 25m。

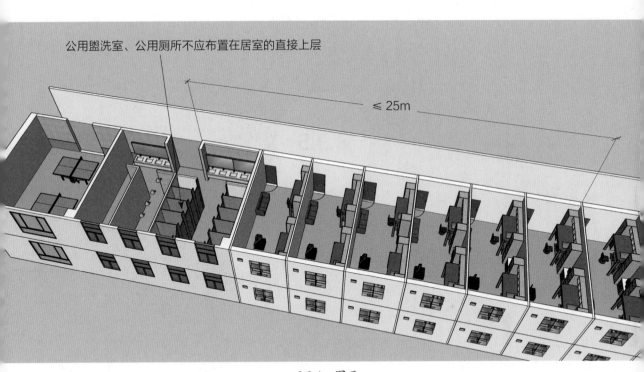

公用盥洗室、公用厕所不应布置在居室的直接上层

≤ 25m

3.3.4 图示

公用盥洗室、公用厕所卫生器具的数量应根据居住
人数确定，公用盥洗室应男女分别设置。

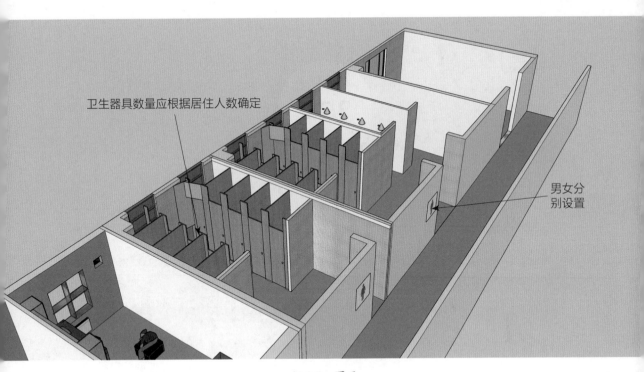

卫生器具数量应根据居住人数确定

男女分别设置

3.3.5 图示

3.3.6

宿舍的楼梯踏步宽度不应小于 0.27m，踏步高度不应大于 0.165m；楼梯扶手高度自踏步前缘线量起不应小于 0.90m，楼梯水平段栏杆长度大于 0.50m 时，其高度不应小于 1.10m。开敞楼梯的起始踏步与楼层走道间应设有进深不小于 1.20m 的缓冲区。中小学校的学生宿舍楼梯应按国家相关规定执行。

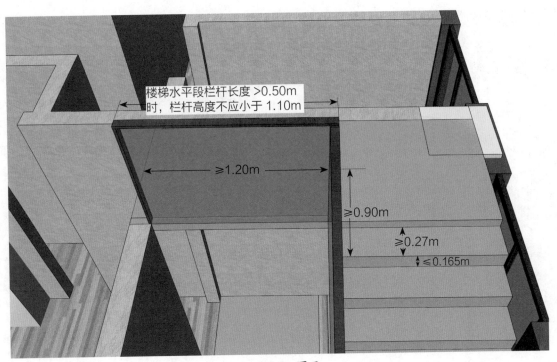

楼梯水平段栏杆长度 >0.50m 时，栏杆高度不应小于 1.10m

≥1.20m

≥0.90m

≥0.27m

≤0.165m

3.3.6　图示

当宿舍的公共出入口位于阳台、外廊及开敞楼梯平
台下部时，应采取防止物体坠落伤人的安全防护措施。

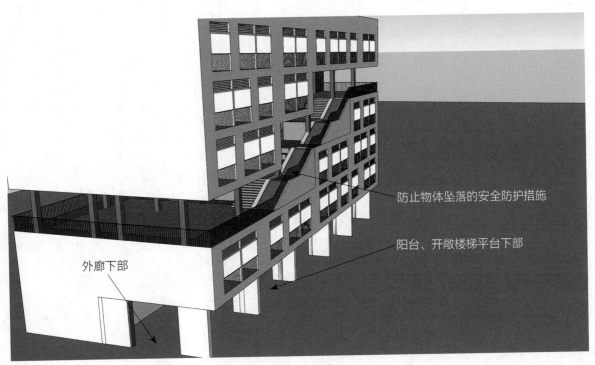

防止物体坠落的安全防护措施

阳台、开敞楼梯平台下部

外廊下部

3.3.7 图示

4

旅
馆

4.1 一般规定

4.1.1

旅馆项目应具备短期或临时住宿人员居住、盥洗、如厕、储藏等条件及相应配套服务基本功能空间。

储藏

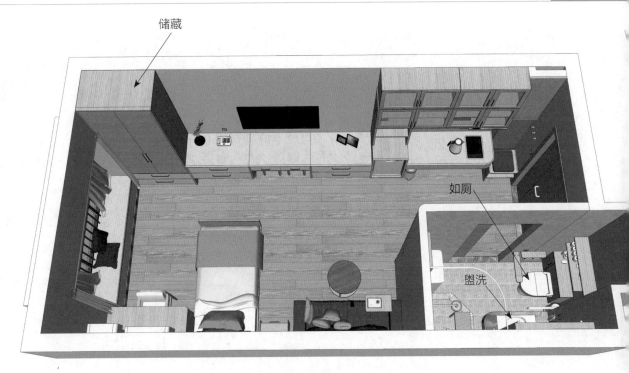

如厕

盥洗

4.1.1 图示

4.1.2

旅馆应提供生活热水。

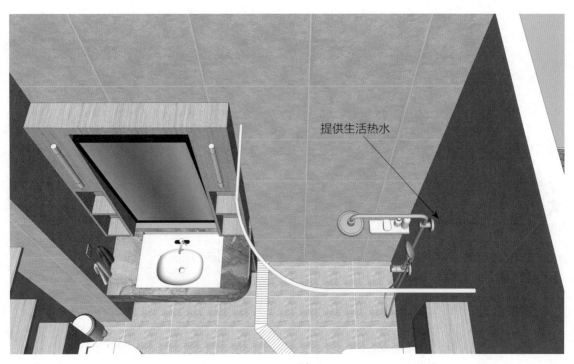

提供生活热水

4.1.2 图示

4.1.3

大型旅馆项目的客梯、生活给水泵、排水泵、经营及管理用计算机系统应按不低于一级负荷供电。

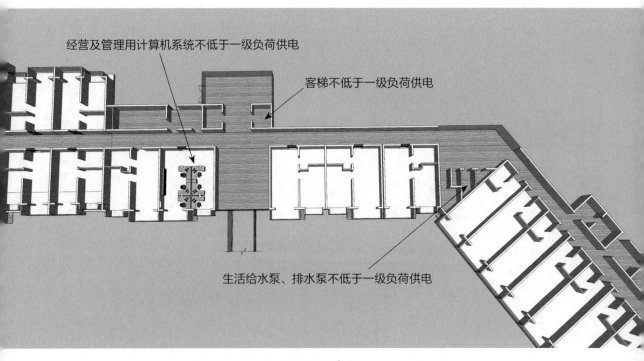

经营及管理用计算机系统不低于一级负荷供电

客梯不低于一级负荷供电

生活给水泵、排水泵不低于一级负荷供电

4.1.3 图示

设有火灾自动报警系统的旅馆类建筑，每间客房应

至少有 1 盏灯接入应急照明供电回路。

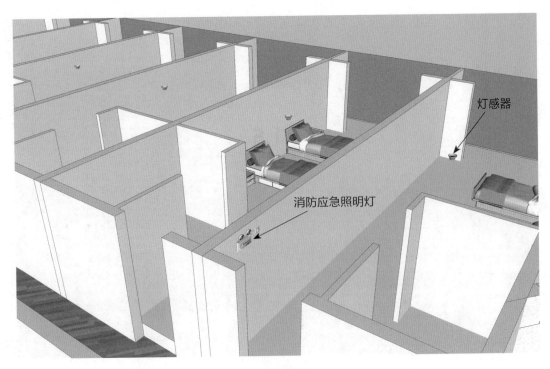

灯感器

消防应急照明灯

4.1.4 图示

　　年预计雷击次数大于 0.05 的大型旅馆，应按不低于第二类防雷建筑物的要求采取相应的防雷措施。其他在可能发生地闪地区的旅馆，应按不低于第三类防雷建筑物的要求采取相应的防雷措施。

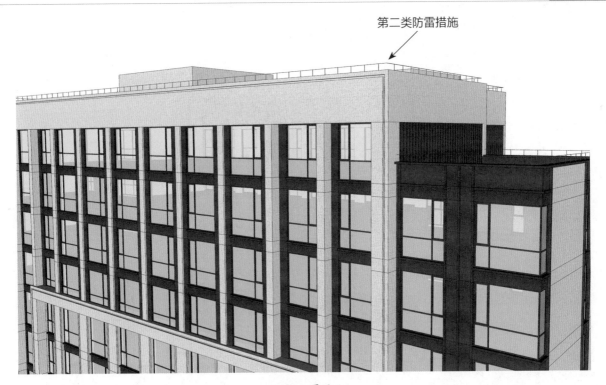

第二类防雷措施

4.1.5 图示1

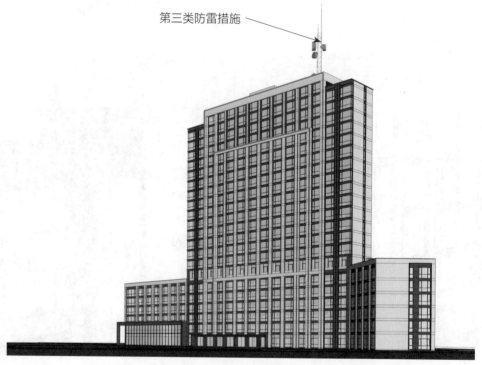

第三类防雷措施

4.1.5　图示 2

4.2 客房部分

4.2.1

相邻客房隔墙设置应满足隔声要求，不应设置贯通的开口。

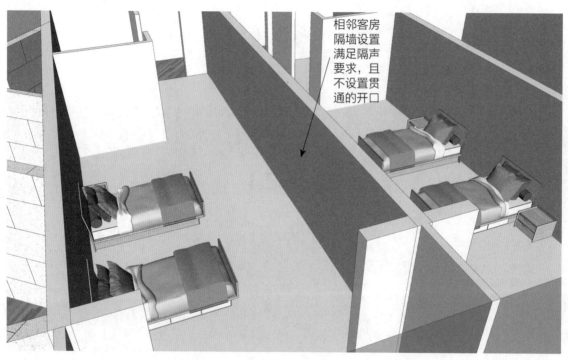

相邻客房隔墙设置满足隔声要求，且不设置贯通的开口

4.2.1　图示

　　旅馆项目应设置无障碍客房，无障碍客房应与无障碍出入口以无障碍通行流线连接，其数量应符合下列规定：

　　1. 30 间～100 间，至少应设置 1 间无障碍客房；

　　2. 101 间～200 间，至少应设置 2 间无障碍客房；

　　3. 201 间～300 间，至少应设置 3 间无障碍客房；

　　4. 301 间以上，至少应设置 4 间无障碍客房。

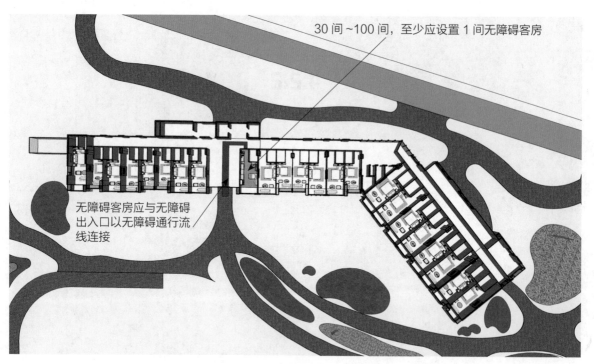

30 间~100 间，至少应设置 1 间无障碍客房

无障碍客房应与无障碍
出入口以无障碍通行流
线连接

4.2.2 图示 1

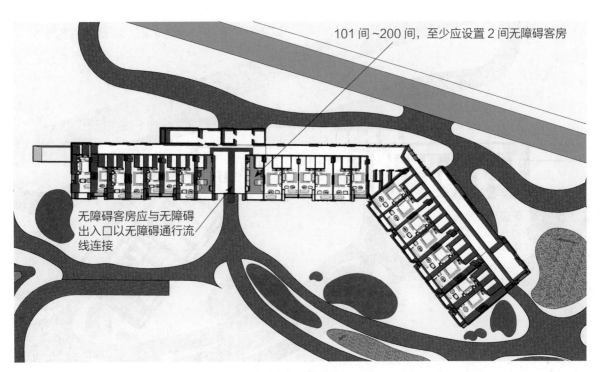

101 间~200 间,至少应设置 2 间无障碍客房

无障碍客房应与无障碍
出入口以无障碍通行流
线连接

4.2.2 图示 2

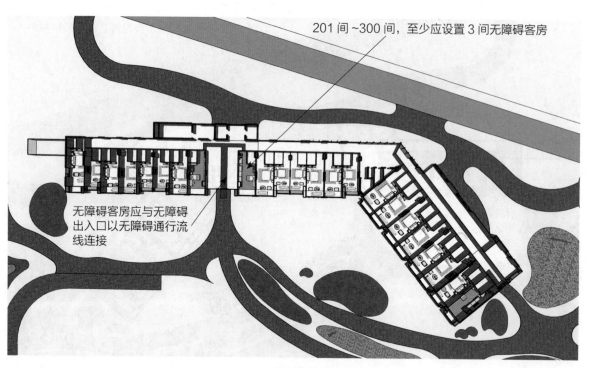

201 间~300 间，至少应设置 3 间无障碍客房

无障碍客房应与无障碍出入口以无障碍通行流线连接

4.2.2　图示 3

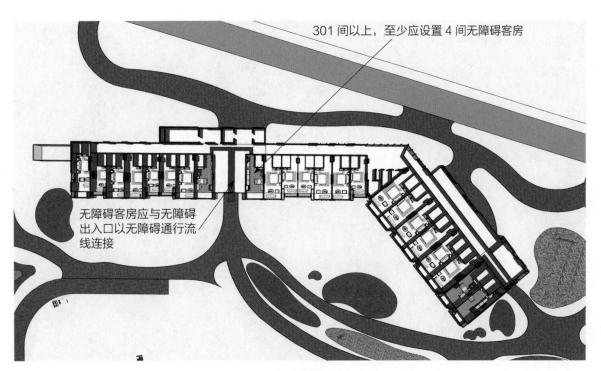

301 间以上，至少应设置 4 间无障碍客房

无障碍客房应与无障碍
出入口以无障碍通行流
线连接

4.2.2　图示 4

无障碍客房应设救助呼叫装置，并应将呼叫信号报至有人值班处。

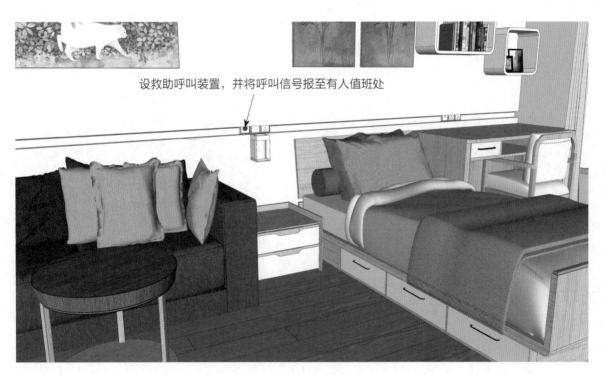

设救助呼叫装置，并将呼叫信号报至有人值班处

4.2.3 图示

4.3 公共部分

4.3.1

在设置无障碍客房旅馆中，公共设施之间应提供无障碍通行流线。

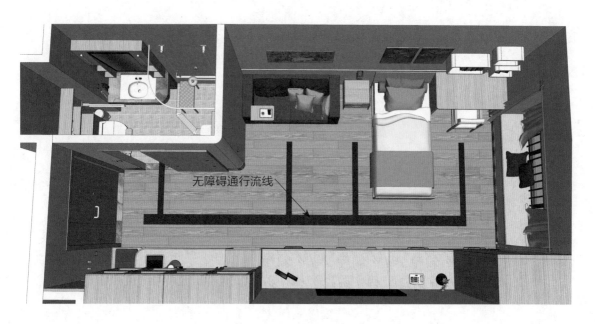

无障碍通行流线

4.3.1 图示

单面布房的公共走道净宽不应小于 1.30m，双面布房的公共走道净宽不应小于 1.40m。

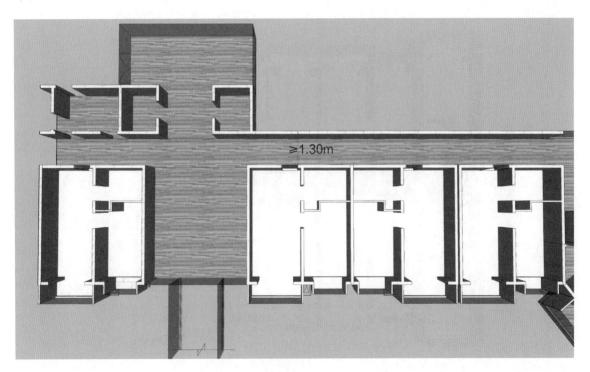

≥1.30m

4.3.2 图示 1

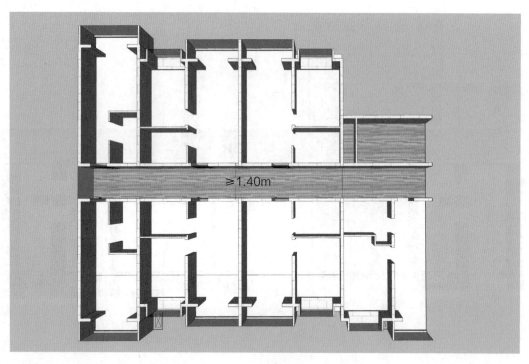

4.3.2 图示 2

4.3.3

3 层及 3 层以上的旅馆应设乘客电梯。

乘客电梯

4.3.3　图示

4.3.4

旅馆大堂（门厅）附近应设公共卫生间；大于 4 个厕位的男女公共卫生间应分设前室；卫生器具的数量应符合表 4.3.4 的规定，并应设 1 个内设污水池的清洁间。

表 4.3.4　大堂（门厅）公共卫生间设施配置标准

设备（设施）	男卫生间	女卫生间
洗面盆或盥洗槽龙头	≥ 1 个	≥ 1 个
小便器或 0.6m 长便槽	≥ 1 个	—
大便器	≥ 1 个	≥ 2 个

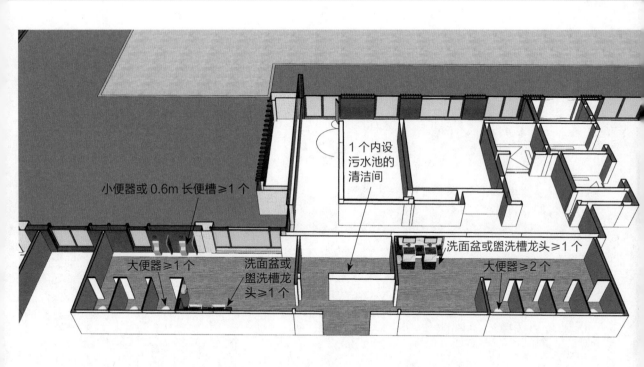

4.3.4 图示

设置无障碍客房的小型旅馆大堂（门厅）附近应设置无障碍卫生间或满足无障碍要求的公共卫生间，中型和大型旅馆大堂（门厅）附近应设置无障碍卫生间。

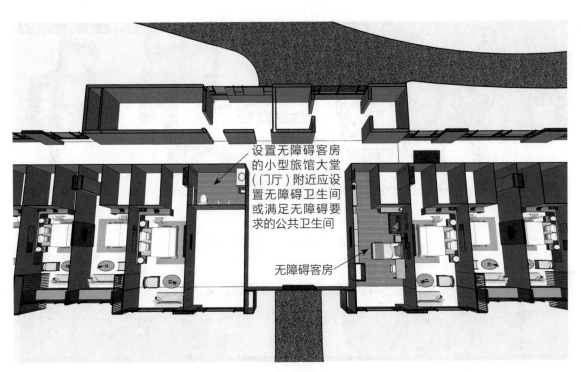

设置无障碍客房的小型旅馆大堂（门厅）附近应设置无障碍卫生间或满足无障碍要求的公共卫生间

无障碍客房

4.3.5　图示 1

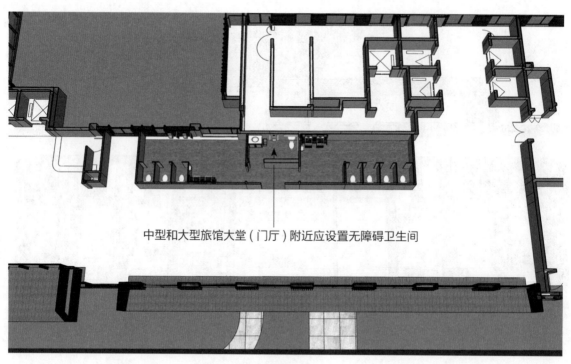

中型和大型旅馆大堂（门厅）附近应设置无障碍卫生间

4.3.5　图示 2

4.3.6

不附设卫生间的客房，应根据床位数设置集中的公共盥洗、公共卫生间和浴室。男女公共卫生间应分别设前室或盥洗室。

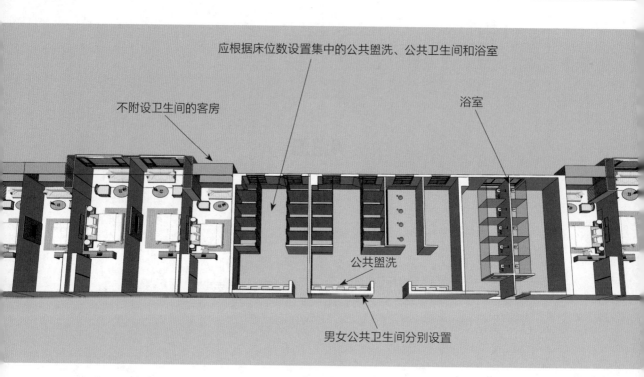

应根据床位数设置集中的公共盥洗、公共卫生间和浴室

浴室

不附设卫生间的客房

公共盥洗

男女公共卫生间分别设置

4.3.6　图示

4.3.7

旅馆中可能产生较大噪声和振动的餐厅、附属娱乐场所应远离客房和其他有安静要求的房间，并应对其进行有效的隔声、隔振处理。

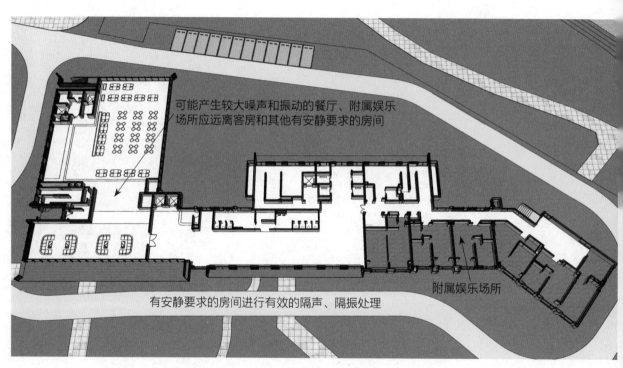

可能产生较大噪声和振动的餐厅、附属娱乐场所应远离客房和其他有安静要求的房间

附属娱乐场所

有安静要求的房间进行有效的隔声、隔振处理

4.3.7　图示

4.4 辅助部分

4.4.1

客房层服务用房应符合下列规定：

1. 工作消毒间应设置有效的排气设施，不应有蒸汽或异味窜入客房；

2. 应设置服务人员卫生间。

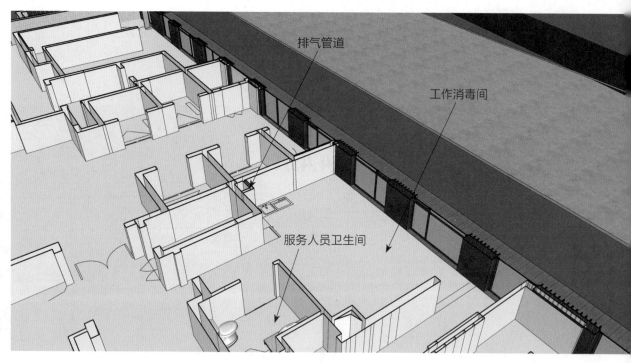

排气管道

工作消毒间

服务人员卫生间

4.4.1 图示

备品库房应符合下列规定：

1. 库房的位置应与被服务功能区及服务电梯联系便捷，并应满足收运、储存、发放等管理工作的安全与方便要求；

2. 库房走道和门的宽度应满足物品通行要求。

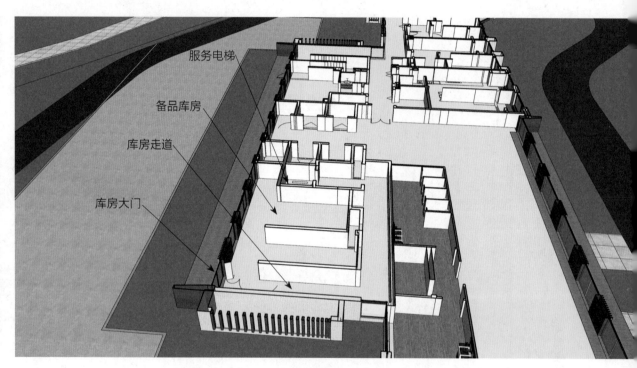

服务电梯

备品库房

库房走道

库房大门

4.4.2 图示

公共厨房应符合下列规定：

1. 厨房的位置应与餐厅联系方便，并应避免厨房的噪声、油烟、气味及食品储运对餐厅及其他公共区域和客房造成干扰；

2. 厨房的平面布置应符合加工流程，洁污分流，避免往返交错，并应符合卫生防疫要求。

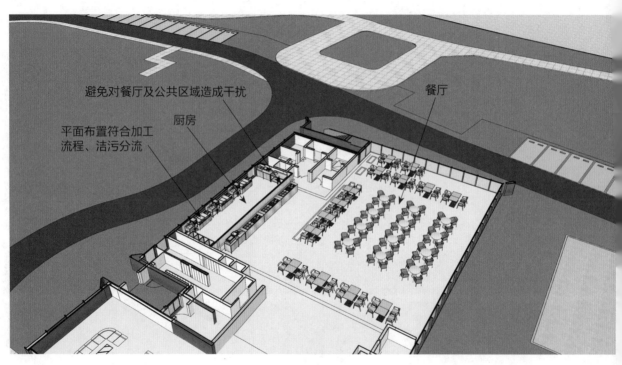

避免对餐厅及公共区域造成干扰

餐厅

厨房

平面布置符合加工
流程、洁污分流

4.4.3 图示